AF326301

A

M. le Dr LOURTIES

SÉNATEUR DES LANDES

Ministre du Commerce & de l'Industrie

Hommage respectueux et reconnaissant

LE ROUGET

ET LA

PNEUMO-ENTÉRITE INFECTIEUSE DU PORC

Le porc est sujet à de nombreuses maladies parmi lesquelles, il en est deux qui ont une grande importance pour notre pays, en raison de leur fréquence, de leur gravité et de leur caractère éminemment épizootique. Ce sont le *rouget* et la *pneumo-entérite infectieuse.*

Jusqu'à ces dernières années on avait confondu ces deux affections ; mais les récents travaux de Pasteur et Thuillier, Loffler et Schütz, Klein, Salmon, Rivolta, Lydtin et Shottelius, Cornil et Chantemesse, nous ont appris la véritable nature de toutes ces maladies infectieuses englobées sous le nom générique de *rouget* ou *mal rouge.*

La plus anciennement connue a conservé le nom de *rouget.* Pasteur et Thuillier, qui en ont les premiers isolé le microbe par la méthode des cultures pures, ont bientôt indiqué le moyen pratique de s'en préserver au moyen d'une véritable vaccination.

L'autre a été étudiée d'abord en Angleterre, on l'y connaît sous le nom de *swine-fever;* le docteur Klein en a donné une bonne description clinique et se basant sur ses localisations anatomiques, il a proposé de la désigner sous le nom de « *infectious pneumo-entéritis.* »

Elle a été retrouvée depuis aux Etats-Unis notamment par Salmon, qui en a décrit le microbe très différent de celui du rouget.

Bang et Selander l'ont observé au Danemark où elle est très répandue (*entérite diphtéritique*).

Enfin elle existe un peu partout en France où Cornil et Chantemesse l'ont bien étudiée, en la désignant, comme Klein, sous le nom de *pneumo-entérite infectieuse.*

Ces deux maladies se ressemblent beaucoup par la promptitude de leur apparition, par leur grande contagiosité, leur terminaison souvent fatale, le développement des taches rouges, violacées plus ou moins étendues surtout dans les régions où la peau est mince et les poils fins et rares.

Elles sont difficiles à différencier même pour le vétérinaire praticien.

Le virus de l'une et l'autre de ces affections existe en grande quantité dans les déjections des animaux malades, et c'est ordinairement par les voies digestives que se fait l'infection.

Alors même que le rapport du vétérinaire serait erroné, l'erreur serait sans conséquence grave, puisque les mesures sanitaires prescrites et applicables sont les mêmes pour l'une et l'autre de ces maladies. (Loi du 21 juillet 1881 et Décret du 28 juillet 1881).

Mais si le diagnostic différentiel est sans importance quand il s'agit de combattre l'épizootie régnante, il est au contraire d'une importance capitale lorsqu'un propriétaire ou un fermier demande au vétérinaire quels sont les moyens de prévenir sa réapparition.

On sait en effet qu'on peut rendre les porcs réfractaires au rouget en leur inoculant préventivement le virus atténué de cette maladie. Cette vaccination, efficace contre ce dernier, serait inutile s'il s'agissait de la pneumo-entérite.

Il faut donc que le vétérinaire consulté puisse dire exactement à quelle maladie on a affaire. Il y parviendra facilement dans le plus grand nombre des cas, s'il s'inspire de la description qui va suivre.

*
* *

LE ROUGET

Le rouget a été considéré pendant de longues années comme étant une affection de nature charbonneuse, et à cet effet il avait reçu divers noms tels que *feu sacré*, *feu Saint-Antoine*, *érysipèle charbonneux*, *gastro entérite charbonneuse*, *etc.*, mais la découverte de la bactérie du charbon, toujours absente dans le sang des porcs morts du rouget et les résultats négatifs de l'inoculation expérimentale du charbon au porc firent rejeter cette opinion.

Le rouget est une maladie spéciale aux sujets de la race porcine, et l'on ne connait pas d'autre animal qui, *dans les conditions naturelles*, contracte cette affection.

Les porcs des races perfectionnées sont plus sensibles à la maladie et résistent moins que ceux des races indigènes.

Le rouget semble s'attaquer de préférence aux animaux adultes et à ceux qui sont soumis à l'engraissement ; chose curieuse à signaler, les jeunes pourceaux à la mamelle paraissent réfractaires ou du moins offrent à la maladie une force de résistance très considérable.

Le rouget fait plus de ravages en été qu'en hiver, malgré cela nous avons constaté de nombreux cas dans les mois de décembre et janvier.

Les années chaudes et humides lui sont plus favorables que les années froides et sèches ; et les cas de maladies sont énormes dans les porcheries étroites, encombrées et mal aérées.

Dans les porcheries saines, le mal n'apparaît que lorsqu'on y introduit des porcs malades ou provenant d'un endroit infecté; les porcs sains en contact avec ces derniers contractant bientôt la maladie.

La contamination se fait également par les aliments qui ont été salis avec les déjections des porcs atteints (matières fécales et urines).

Les ustensiles ou les véhicules ayant servi aux malades, la pénétration dans la porcherie saine de gens qui ont circulé dans une porcherie infectée et dont les chaussures sont imprégnées de matières virulentes, peuvent aussi provoquer l'apparition du mal.

Si le rouget peut envahir l'organisme par les voies les plus diverses, — tous les procédés d'inoculation réussissent — neuf fois sur dix au moins, c'est par le tube digestif que les animaux se contaminent en ingérant des aliments souillés.

SYMPTOMES

La maladie débute ordinairement par de la fièvre ; l'animal a des frissons ; les extrémités du corps sont alternativement chaudes et froides ; la respiration est précipitée ; les battements du cœur sont accélérés ; la température rectale s'élève au-dessus de 40 et 42 degrés.

Le malade est triste et abattu ; il reste continuellement sous la litière ; il ne peut marcher, ne se lève et ne se remue que quand on l'y oblige et encore le fait-il en grognant ; il a de la faiblesse du train postérieur ; la queue ne forme plus le tire-bouchon ; elle pend flasque et molle.

L'appétit a presque entièrement disparu ; la soif augmente ; les urines sont foncées ; les excréments durs et recouverts bientôt de mucus, se ramollissent et deviennent diarrhétiques; à de rares intervalles on perçoit une toux rauque, courte, peu sonore.

Bientôt survient le symptôme principal de la maladie : en diverses régions apparaissent des taches rouges, dont la teinte peut varier depuis le rose clair jusqu'au rouge bleuâtre, violacé, presque noir.

D'abord petites, ces taches s'étendent peu à peu, se réunissent et se confondent pour former de vastes plaques dont la coloration se fonce graduellement ; on les observe surtout à la base des oreilles, aux ars, aux aines, à la face interne de la cuisse, au périné, sous le ventre et sous la poitrine ; parfois il semble qu'au niveau de ces plaques la peau ait subi, comme dans l'érysipèle, un léger épaississement œdémateux, gardant un peu l'empreinte du doigt.

Tantôt la rougeur envahit la plus grande partie du corps, tantôt on ne voit qu'un petit nombre de taches peu étendues en surface, disséminées; parfois même dans les cas foudroyants, elles peuvent faire défaut ; il semble que la mort survienne avant que la lésion cutanée n'ait eu le temps de se constituer. On appelle alors la maladie *rouget blanc*.

MARCHE

La marche du rouget est ordinairement rapide, en général la mort survient en quarante-huit heures, mais la maladie peut être beaucoup plus courte ; ainsi un animal qui était bien portant la veille et qui avait bien mangé au repas du soir est trouvé mort, couvert de taches rouges, le lendemain matin.

Il arrive parfois que la maladie peut se prolonger quatre ou cinq jours ; alors la diarrhée s'aggrave ; la faiblesse du train postérieur s'accentue et fait place à de la paraplégie ; la respiration est dyspnéique, la cyanose apparaît et la mort ne tarde pas à arriver avec un abaissement subit et considérable de la température.

Le rouget est une maladie grave : sur 100 porcs malades il en meurt de 70 à 80 ; et lorsqu'une porcherie est envahie, le mal frappe au moins 80 pour 100 des animaux adultes.

Dans les cas bénins, la guérison est rapide, mais il arrive presque toujours que les porcs qui ont échappé à la mort restent chétifs, malingres, efflanqués ; ils mangent et digèrent mal ; ils ont la diarrhée chronique avec des engorgements aux jambes et des boiteries persistantes ; et comme l'on dit vulgairement ils ne parviennent jamais à se *refaire*.

Ces cas ne manquent pas non plus d'être troublants pour le propriétaire qui nourrit les porcs pour n'en retirer aucun profit.

AUTOPSIE

L'autopsie des porcs morts du rouget témoigne d'un état congestionnel intense de tout le réseau capillaire.

On y trouve de la rougeur et de la mollesse du lard, un peu d'infiltration séreuse du tissu cellulaire au niveau des plaques rouges de la peau : de l'injection et parfois des taches ecchymotiques avec exsudation séro-fébrineuse du péritoire, de la plèvre et du péricarde ; une congestion intense de la muqueuse de l'estomac et de l'intestin grêle, avec infiltration du tissu sous-muqueux.

Tous les ganglions lymphatiques sont congestionnés, hypertrophiés, d'un rouge noirâtre.

La rate est très grosse, bosselée, de couleur très foncée, de consistance molle.

Le foie est peu modifié, il est gorgé de sang noir ; il est assez ferme.

Les reins sont gros, injectés, parfois ecchymosés à la surface ; la vessie contient de l'urine un peu albumineuse et quelquefois sanguinolente.

Les poumons sont engoués de sang noir. Le myocarde et l'endocarde du cœur et des gros vaisseaux sont souvent ecchymosés.

Le sang noir à la sortie rougit peu à peu contact au de l'air et se coagule comme à l'état normal.

La rate, les ganglions lymphatiques, la moelle des os, les reins, etc., contiennent en grande quantité l'élément vital, le microbe cause de la maladie.

Le sang en renferme tellement peu qu'il faut faire des cultures pour l'y mettre en évidence ; par contre les excréments (liquides et solides) en contiennent des quantités considé rales.

Le microbe du rouget est un bacille immobile, très grêle, presque aussi fin que celui de la tuberculose ; sa longueur varie de 1 μ (millième de millimètre) à 1,5 μ ; son épaisseur est de 0,1 μ à 0,15 μ ; il faut, pour le voir, un grossissement considérable (800 à 1000 diamètres au moins) et encore faut-il le colorert au préalable ; d'ailleurs le bacille du rouget prend bien les matières colorantes.

Le microbe du rouget se cultive facilement dans les milieux peptonisés liquides ou solides, mieux à l'abri de l'air qu'à son contact ; sa culture dans la gélatine peptone est absolument caractéristique.

Les cultures du rouget conservent pendant plus d'un an leur vitalité et leur virulence pourvu qu'elles ne soient pas trop exposées à l'action de l'air et de la lumière.

Le rouget qui, dans les conditions naturelles, semble n'attaquer exclusivement que les animaux de la race porcine peut très bien être communiqué expérimentalement à d'autres espèces.

Ainsi l'inoculation réussit très bien à un pigeon, qui meurt fatalement entre le troisième et le cinquième jour.

l e lapin succombe aussi à l'inoculation du rouget, mais moins rapidement que le pigeon.

Le cobaye et la poule sont au contraire réfractaires.

*
* *

LA

PNEUMO-ENTÉRITE INFECTIEUSE

La pneumo-entérite infectieuse (*swine-fever* des Anglais, *hog choléra* des Américains, *entérite diphtéritique* des Danois, etc.,) paraît être une maladie spéciale aux animanx de l'espèce porcine.

Elle frappe indifféremment toutes les races et, de préférence les animaux jeunes.

Comme le rouget, et plus que lui peut-être, la pneumo-entérite n'épargne que de très rares sujets des porcheries qu'elle envahit.

Comme lui, elle se propage surtout par l'injestion d'aliments ou de boissons souillés, par les déjections ou les produits de l'expectoration des malades ; l'introduction d'un porc provenant d'une étable infectée, l'usage d'ustensiles ou de véhicules ayant servi à des malades, l'importation de particules virulentes par les vêtements ou par les chaussures des personnes qui ont cir-

culé dans des locaux infectés, etc., sont également les moyens
ordinaires de propagation de la maladie.

SYMPTOMES

La durée de l'incubation de la pneumo-entérite est très
variable ; elle peut n'être que de quelques jours ; elle peut se
prolonger plusieurs semaines ; d'ailleurs le début de la maladie
est très insidieux et les premiers signes n'ont rien de caractéristique, rien de net.

On note de la diminution de l'appétit, de la nonchalence et
de la faiblesse ; l'animal reste couché plus longtemps ; il recher-
che l'obscurité et grogne quand on le force à se lever ; il a de la
fièvre ; le pouls est vite et petit ; la température rectale s'élève à
40 degrés et plus.

Mais tous ces signes s'accentuent peu à peu ; l'animal reste
volontiers enfoui sous la litière ; il semble ne se tenir debout
qu'avec peine ; il ne marche qu'en titubant ; les mouvements du
train postérieur sont très difficiles ; il y a parfois de la paraplégie.

Pendant les premiers temps, l'animal est plutôt constipé, et
les excréments sont durs et couverts de mucosités, mais bientôt
si l'affection revêt la forme intestinale — ce qui arrive presque
toujours — il survient une diarrhée abondante, très liquide,
*séreuse ou jaundâtre, parfois mousseuse, qui exhale une odeur d'une
fétidité intense et toute spéciale.*

Si les lésions pulmonaires sont prédominantes, on note encore
un peu de diarrhée fétide et persistante, mais on observe surtout
de la gêne respiratoire, du battement du flanc ; des mucosités
abondantes qui s'écoulent des naseaux et qui souillent le groin ;
on perçoit fréquemment une toux rauque, profonde, quinteuse
qui paraît très pénible pour le malade.

Il se produit ordinairement des modifications profondes dans
la couleur du tégument ; on observe sur le ventre, à l'aine, à
l'ars, au périnée, à la face interne de la cuisse, à la base des

oreilles, des taches rouges, dont la forme, l'étendue et l'intensité de teinte sont très variables ; tantôt c'est un érythème diffus, à peine perceptible ; tantôt ce sont de véritables plaques, très irrégulières, disséminées au lieu d'élection et dont la teinte varie du rouge vif, au violet foncé presque noir.

Il n'est pas rare de voir des porcs succomber à la pneumo-entérite sans avoir eu de la rougeur de la peau ; parfois aussi, et plus souvent, les taches rouges n'apparaissent qu'à la dernière période de la maladie.

D'une façon générale on peut dire que ces altérations du tégument sont moins constantes, moins intenses et moins étendues dans la pneumo-entérite que dans le rouget.

MARCHE

La marche de cette affection est assez lente ; sauf de très rares exceptions, elle provoque fatalement la mort.

La durée moyenne de la pneumo-entérite est de vingt à vingt-cinq jours ; elle n'est jamais inférieure à huit ou dix jours; elle atteint fréquemment quatre, cinq ou six semaines. En ce cas, le malade succombe dans un état de maigreur extrême.

AUTOPSIE

L'autopsie d'un porc mort de la pneumo-entérite révèle des lésions d'autant plus intenses que la maladie a duré plus longtemps.

Dans les cas rares où la mort survient rapidement, on observe de la congestion, et, çà et là, des ecchymoses du tissu conjonctif sous-cutané ou du péritoine, de plèvres, du péricarde et du myocarde.

La muqueuse de l'estomac et de l'intestin est très congestionnée, avec, par places, des hémorragies interstitielles, des desquamations épidermiques, des érosions et de véritables ulcérations, surtout nombreuses au niveau des follicules clos ou des plaques de Peyer du gros intestin,

Les ganglions mésentériques sont volumineux et infiltrés ; les poumons peuvent être normaux ; le plus souvent toutefois. ils sont congestionnés, œdématiés ou parsemés de petits nodules assez consistants, de couleur rouge violacé, dus à une conjestion intense à tendance hémorragique.

Le plus souvent, l'évolution étant moins rapide, les lésions sont plus nettes et plus caractéristiques.

L'intestin est toujours malade, quoique à des degrés très différents ; à côté des cas où ces lésions sont si discrètes et si peu accusées qu'il faut un examen attentif pour les mettre en évidence, il en est d'autres où elles sont si intenses qu'on s'étonne que l'animal ait résisté si longtemps.

Ces lésions portent surtout sur les éléments lymphoïdes du gros intestin et du cœcum ; elles peuvent aussi envahir les follicules clos et les plaques de Peyer de l'iléon, notamment au voisinage de la valvule iléo-cœcale.

Dans les points malades, les plaques de Peyer sont toujours épaissies, indurées ; tantôt elles sont recouvertes de fausses membranes fibrineuses, gris, jaunâtre, très adhérentes ; tantôt elles sont le siége d'ulcérations plus ou moins profondes et étendues, à bords épaissis, saillants, irréguliers, à fond déprimé, bougeonneux, de couleur brune ou jaunâtre.

Si profonde que soit l'ulcération, elle ne va pas jusqu'à perforer l'intestin, tellement les membranes sont épaissies à son niveau.

l'épaississement et l'induration sont, en effet, *la caractéristique des lésions intestinales dans la pneumo-entérite.*

A côté de ces cas où la lésion est très accusée, il en est d'autres où l'on trouve à grand' peine quelques ulcérations dans le cœcum avec un très léger épaississement de la membrane à leur niveau.

Dans les cas à marche lente, l'inflammation peut se propager de l'intestin au péritoine ; alors, les anses intestinales sont agglutinées entre elles par un exsudat fibrineux plus ou moins épais ou résistant.

Quelle que soit l'intensité de la lésion intestinale, les ganglions mésentériques, comme ceux de la voûte sous-lombaire, sont toujours plus ou moins gravement altérés ; ils sont tuméfiés, congestionnés ou gorgés de suc blanchâtre ; souvent ils montrent sur la coupe des îlots jaunâtres, secs, caséeux, donnant l'idée d'une lésion scrofuleuse ou tuberculeuse ; jamais on n'y trouve le bacille de Koch ; au contraire les parties caséeuses, comme le tissu induré de l'intestin, renferment en abondance la bactérie de la pneumo-entérite.

Même alors que le processus s'est principalement localisé sur l'appareil respiratoire, il est rare de rencontrer de la pneumonie lobaire fibrineuse ; la règle est d'observer des foyers multiples de broncho-pneumonie, disséminés dans toute la hauteur du parenchyme.

Les ganglions bronchiques et médiastinaux sont ordinairement tuméfiés et indurés comme ceux du mésentère.

Le foie, la rate, les reins sont congestionnés.

Le sang ne paraît pas avoir subi d'altération appréciable.

Les exsudats, le mucus bronchique, les matières diarrhéiques et l'urine contiennent en grande quantité le microbe, cause unique de la maladie.

On le trouve abondamment dans le suc obtenu par râclage des lésions intestinales, ganglionnaires ou pulmonaires ; le foie, les reins, la rate, la moelle des os ; en contiennent une quantité moindre ; le sang en renferme si peu que l'examen microscopique est impuissant à l'y déceler ; il faut en ensemencer de notables quantités pour être sûr d'obtenir une culture.

Le microbe de la pneumo-entérite infectieuse, déterminé par Salmon, est une bactérie ovoïde, ayant de 1 à 2 μ de longueur sur $0\mu10$ à $\mu5$ d'épaisseur.

Cette bactérie est mobile, le bleu de méthylène et la solution aqueuse légère de violet de gentiane la colorent d'une façon plus intense aux extrémités que dans la partie centrale.

On peut cultiver la bactérie de la pneumo-entérite dans la

plupart des milieux usités, liquides ou solides ; elle est à la fois
aérobie et anaérobie.

Ses cultures sur gélatine et sur pomme de terre ont un aspect
particulier, assez caractéristique, et conservent longtemps leur
végétabilité et leur virulence ; d'ailleurs, le microbe résiste
pendant plus de quinze jours à la dessication, même à une température de plus de vingt degrés ; il se conserve bien et se mul-
tiplie même dans l'eau stérilisée.

Il résiste à l'action d'un grand nombre d'agents antiseptiques
heureusement il suffit, pour le tuer, de le maintenir pendant un
quart d'heure à la température de 60 degrés.

La maladie est transmissible par inoculation au porc, au lapin,
au cobaye, (cochon d'Inde) ; la poule est réfractaire ; le pigeon
est sur la limite de la réceptivité : il faut pour le tuer lui injecter
de grandes quantités de liquide virulent.

*
* *

DIAGNOSTIC DIFFÉRENTIEL

La description qui précède nous montre que si difficile que
puisse être le diagnostic différentiel du rouget et de la pneumo-
entérite infectieuse, il est toujours possible de l'établir, même
avec les seules ressources de la clinique.

A supposer que l'on se trouve en présence d'un cas de rouget
chronique à marche lente et insidieuse, se traduisant par de la
diarrhée persistante et de l'amaigrissement progressif, ou bien
qu'il s'agisse d'un cas de pneumo-entérite suraigüe à marche si
rapide que la mort survient en quelques jours, avec des lésions à
peine accusées du poumon ou de l'intestin, — à côté de ces cas
absolument exceptionnels, il est clair qu'il se sera déjà produit ou
qu'il se produira des cas où le mal (pneumo-entérite ou rouget)
affectera une marche régulière, suivra une révolution normale et
se traduira par les signes ordinaires de l'affection. Ainsi le

diagnostic, qui aurait pu être erroné s'il ne s'était agi que d'un cas isolé, pourra être établi en toute sûreté.

D'une façon générale, la marche du rouget est beaucoup plus rapide que celle de la pneumo-entérite ; il est rare que dans une porcherie infectée il ne se produise pas quelques cas foudroyants amenant la mort en douze, dix-huit ou vingt-quatre heures.

Dans le cas de pneumo-entérite la mort ne survient *jamais* avant huit jours, et la règle est qu'elle ne se produit qu'après plusieurs semaines de maladie.

L'âge de l'animal malade est aussi un indice certain : neuf fois sur dix le rouget atteint les animaux adultes, tandis que la pneumo-entérite frappe, au contraire, les neuf dixièmes des sujets jeunes.

Les résultats de l'autopsie permettent aussi d'ordinaire la différenciation : dans le rouget, la lésion est surtout congestive avec tendance aux hémorragies interstitielles ; la rate est molle, grosse et diffluente ; *jamais* on ne trouve l'épaississement induré, blanchâtre, d'aspect fibrineux, des membranes intestinales, ni la caséification ganglionnaire qui caractérisent la forme ordinaire de la pneumo-entérite.

Si le vétérinaire devait absolument se prononcer sur un cas anormal et isolé, il ne serait pas encore désarmé. Il lui suffirait pour cela de recourir à l'inoculation, en procédant de la façon suivante :

Recueillir par râclement sur une coupe fraîche du foie, de la rate et d'un ganglion malade (hémorragique, succulent ou caséeux), un peu de suc de chaque parenchyme ; broyer le tout ensemble ou le diluer dans une petite quantité d'eau distillée, ou simplement bouillie puis refroidie, filtrer sur un linge fin ; aspirer dans une seringue de Pravaz le liquide filtré ; en injecter deux ou trois gouttes dans les muscles de cuisse d'un lapin, d'un cochon d'Inde et dans les pectoraux d'un pigeon.

S'il s'agit de rouget, le pigeon mourra *certainement* dans un délai variable entre trois et cinq jours ; le lapin mourra *probablement* du quatrième au huitième jour ; le cobaye *ne mourra pas*.

S'il s'agit au contraire, de pneumo-entérite, le lapin et le cobaye *mourront certainement* du troisième au huitième jour après l'inoculation ; le pigeon résistera, à moins que la dose injectée n'ait été *très considérable*.

Il est utile de signaler que toutes les manipulations que nous venons de décrire doivent être faites proprement ; que l'autopsie doit être faite aussitôt que possible après la mort ; que la matière d'inoculation doit être prise au centre des organes plutôt qu'à la surface qui a pu être souillée ; que le bistouri, la seringue, le verre, la toile à filtrer, ainsi que les autres instruments nécessaires doivent être stérilisés ou aseptiques.

Avec ces précautions, les résultats des inoculations auront une valeur absolue et donneront au vétérinaire la certitude qui lui faisait défaut.

Enfin, le vétérinaire peut avoir encore recours aux recherches bactériologiques (cultures) et à l'examen microscopique après coloration.

La bactérie de la pneumo-entérite ne se colore pas par les procédés de Gram et de Weigert ; tandis que le bacille du rouget est un des microbes sur lesquels la méthode de Gram réussit le mieux.

*
* *

PROPHYLAXIE

On ne connaît pas de traitement efficace du rouget du porc ou de la pneumo-entérite infectieuse.

Si donc une porcherie est envahie par l'une ou l'autre de ces affections, comme il y a très peu de chances d'enrayer la contagion, comme presque tous les animaux deviendront fatalement malades et succomberont pour la plupart, le plus sage est de vendre immédiatement pour la boucherie tous les animaux restés sains ; on restreint ainsi la perte dans la limite du possible.

On peut ensuite, repeupler la porcherie en toute sécurité. En agissant ainsi, on réalise de grosses économies de temps et d'argent.

*
* *

DÉSINFECTION

La désinfection doit être faite avec le plus grand soin possible.

Tout ce qui a pu être souillé par les matières virulentes, le sol, les murs, les portes, les cloisons, les auges, les seaux, les rigoles, le sol de la cour, les bains, etc., doit être gratté, frotté, brossé, lavé, désinfecté à fond ; les microbes du rouget et de la pneumo-entérite ne résistant pas à une température peu élevée, l'eau bouillante employée à profusion rendra les plus grands services.

On pourra pour plus de sûreté terminer l'opération en arrosant une dernière fois les locaux ou les objets, nettoyés à fond, avec la solution de sublimé corrosif au millième :

> Eau de pluie ou de rivière......... 1 litre
> Sublimé .... 1 gramme
> Sel marin (chlorure de sodium)..... 1 gramme

Les litières et fumiers provenant des locaux infectés ; les balais, pelles, brosses, brouettes, voitures et tous objets qui ont servi à la désinfection, au transport des cadavres ou des fumiers doivent être pareillement désinfectés. .

*
* *

Même en temps d'épidémie, il est possible de préserver les porcheries jusque-là indemnes ; mais, pour cela, il faut s'abstenir rigoureusement d'y introduire de nouveaux animaux ; tout animal nouvellement acheté doit être maintenu en observation pendant vingt jours au moins, dans un local spécial, éloigné de la porcherie commune, et confié aux soins d'une personne à qui l'entrée de la porcherie est interdite.

La porcherie doit être fermée à toute personne étrangère, et les porchers doivent s'abstenir avec le plus grand soin de toute relations avec les établissements analogues où peut-être la maladie existe ; la contagion par les vêtements et surtout par les chaussures souillés de matières virulentes est l'une des plus fréquentes.

Tout porc conduit en foire doit y être vendu ; comme il peut y avoir été contaminé, il ne faut à aucun prix le réintégrer dans la porcherie commune.

Les voitures qui ont servi à transporter des porcs, la litière qu'elles contenaient doivent être considérées comme suspectes et traitées comme telles.

En temps d'épidémie, tout porc qui paraît malade doit être immédiatement séquestré ; ceux avec qui il cohabitait doivent être eux-mêmes isolés et, sans attendre que le diagnostic soit établi, il faut désinfecter à fond la loge qu'ils occupaient.

Avec toutes ces précautions, il est possible de préserver une porcherie, même alors que toutes celles du voisinage sont infectées.

*
* *

VACCINATION

Enfin, dans le pays où le rouget est fréquent, où il cause des pertes considérables, la seule mesure prophylactique qu'on doive conseiller, la seule qui soit vraiment et absolument efficace, c'est la vaccination préventive.

Elle a été découverte par Pasteur il y a environ une quinzaine d'années ; partout où elle a été sérieusement appliquée, elle a donné des résultats merveilleux.

Il n'y a pas encore dix ans qu'on a fait en Hongrie les premières expériences à cet égard ; elles ont été si concluantes que, pendant la seule année de 1890, le laboratoire de Buda-Pest a distribué des vaccins pour plus de 250, 000 porcs. — (Ce laboratoire reçoit ses semences de l'Institut Pasteur).

En présence de ces faits, on est surpris de voir avec quelle lenteur se généralise en France la pratique de la vaccination, même dans les régions les plus cruellement ravagées par le rouget du porc.

Il y a plus de douze ans que la preuve de son efficacité a été faite : malgré cela le chiffre de vaccinations faites chaque année en France ne dépasse guère 20,000 !

Est-ce la crainte des accidents que l'on a signalés de divers côtés au début de la mise en pratique de ces vaccinations ?

Mais ces accidents, d'ailleurs peu nombreux, ne se sont plus reproduits depuis que l'on recommande de ne pas vacciner d'animaux agés de plus de quatre mois.

Le fait doit s'expliquer par les raisons suivantes :

1° — La population porcine est très nombreuse en France, mais elle y est très disséminée ; aussi chaque petit propriétaire hésite-t-il à faire la grosse dépense d'appeler un vétérinaire pour vacciner le petit nombre d'animaux qu'il possède.

Il faudrait que tous les propriétaires d'une commune s'entendissent pour faire vacciner leurs animaux le même jour, par le même vétérinaire ; on ferait ainsi une économie considérable et la vaccination deviendrait accessible à toutes les bourses.

2° — D'autre part, la fréquence de la pneumo-entérite qui peut exister dans les mêmes régions que le rouget, la similitude des symptômes des deux affections, font que si des porcs vaccinés contre le rouget meurent de la pneumo-entérite le paysan ne croit plus à l'efficacité de la vaccination et ne fait plus vacciner, au grand détriment de ses propres intérêts et de la fortune publique.

Comme la variole chez l'homme et les maladies charbonneuses chez tous les animaux; le rouget du porc figure au premier rang des maladies épizootiques facilement évitables.

CAMILLE LESCARRET.

Mont-de-Marsan, Imprimerie LECLERCQ rue de l'hôpital n° 11.